Mokie Augustus

Uma análise comparativa do M-Learning e do E-Learning

Mokie Augustus

Uma análise comparativa do M-Learning e do E-Learning

ScienciaScripts

Imprint
Any brand names and product names mentioned in this book are subject to trademark, brand or patent protection and are trademarks or registered trademarks of their respective holders. The use of brand names, product names, common names, trade names, product descriptions etc. even without a particular marking in this work is in no way to be construed to mean that such names may be regarded as unrestricted in respect of trademark and brand protection legislation and could thus be used by anyone.

Cover image: www.ingimage.com

This book is a translation from the original published under ISBN 978-3-659-84783-7.

Publisher:
Sciencia Scripts
is a trademark of
Dodo Books Indian Ocean Ltd. and OmniScriptum S.R.L publishing group

120 High Road, East Finchley, London, N2 9ED, United Kingdom
Str. Armeneasca 28/1, office 1, Chisinau MD-2012, Republic of Moldova, Europe
Managing Directors: Ieva Konstantinova, Victoria Ursu
info@omniscriptum.com

Printed at: see last page
ISBN: 978-620-8-52469-2

ÍNDICE DE CONTEÚDOS

Capítulo 1

INTRODUÇÃO

1.1 Antecedentes do estudo

A utilização das tecnologias de aprendizagem evoluiu ao longo de várias fases, e cada uma delas reflecte o papel desempenhado pela educação na fase histórica. Estão também relacionadas com as teorias de aprendizagem mais dominantes num período histórico específico. Por último, estão relacionados com os métodos de ensino dominantes num determinado período de tempo. Estes são considerados parte integrante de um sistema de ensino e aprendizagem integral. A atenção começou a centrar-se na seleção dos diferentes materiais, equipamentos e ferramentas de aprendizagem e na forma de os utilizar eficazmente no contexto do processo de ensino-aprendizagem, que contém muitos elementos espaciais, temporais, materiais e humanos, tendo em consideração, no mesmo contexto, as diferenças individuais dos aprendentes para atingir os objectivos desejados neste ambiente. O significado das tecnologias de aprendizagem ultrapassou a mera utilização das tecnologias educativas na aprendizagem e no ensino; o enfoque está nas entradas, operações e saídas do processo educativo, ou o que se designa por padrão de sistemas. Este padrão enfatiza a perspetiva integrada do papel das tecnologias de aprendizagem no processo de ensino-aprendizagem e as suas relações com outros elementos do processo educativo; uma vez que a utilização das tecnologias de aprendizagem é designada para atingir os objectivos pretendidos, de acordo com os currículos utilizados, as ferramentas, os objectivos educativos, os métodos de ensino, os recursos humanos e materiais disponíveis e a administração educativa dominante, para além de outros factores Brown. (2005).

O termo tecnologias de aprendizagem é um dos termos elásticos sujeitos a muitas interpretações, o que dificultou a definição dos seus principais elementos. Isto deve-se às rápidas mudanças que surgem todos os dias nos diferentes domínios. Como se sabe, qualquer início é simples; é bem definido e fácil de definir. Depois, com o passar do tempo, torna-se mais complexo e, por isso, é difícil definir os seus elementos. Isto aplica-se à tecnologia de aprendizagem, que começa, na maioria dos casos, com aplicações simples; e estas aplicações começam a tornar-se mais complexas. A tecnologia em geral remonta ao início da história da humanidade e pode ser vista nos diferentes domínios da vida que vivemos hoje em dia. A tecnologia desempenha um papel vital na definição do presente e do futuro da qualidade de vida das pessoas. A tecnologia é um dos factores de maior mudança na vida dos indivíduos, e a mudança capta a qualidade das aplicações tecnológicas e a todos os níveis. Na sua definição mais simples, a tecnologia é uma abordagem de pensamento, um estilo de funcionamento, ferramentas a utilizar para atingir um determinado objetivo, e é um dos domínios cognitivos que fundamentam as bases das aplicações tecnológicas. Além disso, a tecnologia é uma das experiências adquiridas e é também um método de resolução de problemas Kloube (2005).

Hawkins e Collins (2005) referiram que a utilização da tecnologia na educação promove a comunicação educativa diferenciada. Na sua opinião, isto aumenta as oportunidades de participar, envolver-se, pensar e ter interpretações adequadas; o que provoca algum tipo de desenvolvimento equilibrado nas competências, emoções e cognição. São também um método que o professor pode utilizar para dotar os alunos de competências analíticas através da utilização de uma discussão aberta, da investigação e da avaliação para atingir os objectivos desejados.

De acordo com Saleem (2011), o sector da educação entrou na quarta fase do seu desenvolvimento, que é a utilização das tecnologias da comunicação e da informação (TIC). Esta revolução no sector da educação foi precedida por três outras anteriores. Propôs que a Fundação Carnegie resumisse estas três revoluções da seguinte forma: A invenção da escrita; o uso de livros didácticos nas escolas após a invenção da impressão; e o aparecimento do ensino regular. A quarta revolução pode contribuir para a concretização do ensino regular através da utilização e do emprego de tecnologias de E- Learning e M- Learning, de tecnologias de comunicação e de redes para facilitar o acesso de diferentes aprendentes ao material de aprendizagem. Estas tecnologias são também capazes de promover as competências individuais dos aprendentes, indo ao encontro dos seus desejos e necessidades. As tendências educativas modernas sublinham a necessidade de encontrar os métodos educativos mais eficazes para proporcionar aos aprendentes um ambiente de aprendizagem interativo ideal para captar a atenção de cada aprendente, provocar os seus interesses, motivá-los para a aprendizagem, partilhar informações e ideias diferentes com outros aprendentes. Neste contexto, o aluno não é um aprendiz passivo; é um participante ativo na experiência de aprendizagem. Procura sempre a informação correta com todas as ferramentas disponíveis.

Ao fazê-lo, o aluno emprega diferentes procedimentos práticos e científicos, como a observação, a síntese, a compreensão, a análise, a inferência e a interpretação de dados. Estas actividades são realizadas sob a supervisão, orientação e avaliação do professor.

As tecnologias modernas, como a utilização de telemóveis, computadores, Internet e todas as aplicações conexas, tais como a utilização de multimédia e de outros programas informáticos entre as escolas e os estudantes universitários, são um fenómeno comum. Estas aplicações são um dos meios mais eficazes para criar ambientes de aprendizagem ricos e outras formas de sistemas educativos ricos em recursos de aprendizagem, formação, ensaio, desenvolvimento e oportunidades de auto-desenvolvimento capazes de satisfazer as necessidades e os desejos dos estudantes, motivando-os, por um lado, e para servir o processo educativo e promover os resultados educativos, por outro; Abdullah (2004). No seu estudo, Luecy (2004) argumenta que a utilização crescente de tecnologias de aprendizagem, ferramentas de comunicação e meios de comunicação educativos nas diferentes actividades se tornou uma das caraterísticas predominantes do mundo atual; baseia-se também numa compreensão mais profunda do papel que a cognição e o capital humano desempenham no desenvolvimento do sistema educativo e no progresso global das sociedades.

Há uma revolução eletrónica; uma revolução que surgiu na segunda metade do século XX com a utilização de computadores, software, CDs, multimédia, satélites. Todas estas ferramentas electrónicas conduziram ao desenvolvimento de sistemas de comunicação, redes informáticas e tecnologias da informação que assumiram diversas formas. Todos estes sistemas de informação têm como objetivo adquirir, processar, armazenar, recuperar, distribuir e utilizar diferentes formas de informação. Todos estes factores, para além de outros, contribuíram para o aparecimento do que hoje se designa por e-learning. O e-learning é um dos instrumentos que permite aproximar áreas geográficas distantes. No final do século XX e no início do século XXI, as taxas de utilização e de prevalência dos telemóveis aumentaram, anunciando o nascimento da era das telecomunicações e o papel significativo que essas ferramentas de telecomunicações desempenham nos diferentes domínios da vida Faqeeh (2009).

Estes desenvolvimentos e avanços tiveram um efeito direto e significativo no processo de ensino e aprendizagem. Os modelos tradicionais de aprendizagem e de ensino deixaram de ser os instrumentos mais eficazes para o ensino. Os professores já não são o centro do processo educativo e os manuais escolares e as escolas já não são a única fonte de "informação". Com o acesso à tecnologia, na era da tecnologia da informação, a integração das tecnologias de telecomunicações, dos telemóveis e dos telefones portáteis na educação passou a ser mais importante, o que levou ao aparecimento de novas formas de aprendizagem, ou seja, a aprendizagem móvel como um domínio das aplicações de aprendizagem à distância. A aprendizagem móvel é agora considerada um modelo complementar de e-learning para complementar as práticas actuais na educação. A aprendizagem móvel apela aos educadores para que utilizem ferramentas e dispositivos tecnológicos móveis modernos na aprendizagem, a fim de proporcionar uma nova forma de ensino. Esta nova forma de aprendizagem e ensino é compatível com as actuais tendências modernas resultantes da globalização. A aprendizagem móvel (M- Learning) é barata, permite a transferência do processo educativo para fora das escolas e das salas de aula tradicionais, proporcionando assim liberdade espacial e temporal tanto aos professores como aos alunos.

Muitos académicos e profissionais tentaram definir o M-Learning, mas como o campo ainda está a mudar, e continuará a mudar durante muitos anos, foram dadas muitas definições diferentes para reconhecer essas mudanças. Por exemplo, O'Malley (2003) propôs que o M-Learning é qualquer tipo de aprendizagem que ocorre quando o aprendente não se encontra num local fixo e pré-determinado, ou aprendizagem que ocorre quando o aprendente tira partido das oportunidades de aprendizagem oferecidas pelas tecnologias móveis. De acordo com Brown (2005), o M-Learning é uma forma de eLearning que utiliza especificamente dispositivos de comunicação sem fios para fornecer conteúdos e apoio à aprendizagem. Traxler (2005) considera o M-Learning como qualquer oferta educativa em que as tecnologias únicas ou dominantes são dispositivos portáteis ou palm-top. No entanto, do que precede, emergiram quatro conceitos centrais de M-Learning: pedagogia, dispositivos tecnológicos, contexto e interações sociais. Tendo em conta estes quatro conceitos, a M-Learning pode, portanto, ser definida como: aprendizagem em múltiplos contextos, através de interações sociais e de conteúdos, utilizando dispositivos electrónicos pessoais.

A aprendizagem móvel, de acordo com Boyinbode O. K. e Akinyede R. O. (2008), é uma combinação de tecnologias móveis e de uma pedagogia adequada que permite aos aprendentes interagir com ambientes de aprendizagem e com outros aprendentes, em qualquer altura e a partir de qualquer local. A aprendizagem móvel permite o acesso a ambientes e recursos educativos, bem como a interações com outros aprendentes, sem estarem limitados pelo tempo e pelo espaço. A aprendizagem móvel é efetivamente uma subcategoria do conceito mais amplo de e-Learning. De acordo com Boyinbode O. K. e Akinyede R. O. (2008), Clark Quinn propôs que a aprendizagem móvel é "a intersecção da computação móvel e da aprendizagem eletrónica: recursos acessíveis onde quer que se esteja, fortes capacidades de pesquisa, interação rica, apoio poderoso para uma aprendizagem eficaz e avaliação baseada no desempenho; aprendizagem eletrónica independente da localização no tempo e no espaço". Assim, definiram o M-learning como a intersecção entre a computação móvel e o e-learning. O e-learning oferece novos métodos de ensino baseados na tecnologia informática da Internet. O M-learning é a intersecção da computação móvel e do e-learning; o M-learning tem a capacidade de aprender em qualquer lugar e a qualquer momento, sem ligação física permanente a redes de cabo.

No entanto, a aprendizagem eletrónica é geralmente referida como a utilização intencional de tecnologias de informação e comunicação em rede no ensino e na aprendizagem. São também utilizados vários outros termos para descrever este modo de ensino e aprendizagem. Incluem a aprendizagem em linha, a aprendizagem virtual, a aprendizagem distribuída, a aprendizagem em rede e a aprendizagem baseada na Web. Fundamentalmente, todos eles se referem a processos educativos que utilizam as tecnologias da informação e da comunicação para mediar actividades de ensino e aprendizagem assíncronas e síncronas. No entanto, se analisarmos mais atentamente, torna-se claro que estes rótulos se referem a processos educativos ligeiramente diferentes e, como tal, não podem ser utilizados como sinónimos do termo e-learning. O termo e-learning abrange muito mais do que aprendizagem em linha, aprendizagem virtual, aprendizagem distribuída, aprendizagem em rede ou aprendizagem baseada na Web. Dado que a letra "e" em e-learning significa a palavra "eletrónico", a aprendizagem eletrónica incluiria todas as actividades educativas realizadas por indivíduos ou grupos que trabalham em linha ou fora de linha, de forma síncrona ou assíncrona, através de computadores em rede ou autónomos e outros dispositivos electrónicos.

Em termos matemáticos, pode dizer-se que o M-learning é um subconjunto do Elearning. Isto baseia-se no facto de todos os dispositivos no quadro do M-Learning serem dispositivos electrónicos. No entanto, a principal diferença é a ênfase na mobilidade da aprendizagem no quadro do M-Learning. Este estudo é uma análise comparativa do M-Learning e do E-Learning, na medida em que afecta a educação na Nigéria.

1.2 Declaração do problema

Com a evolução tecnológica e a sua penetração explosiva em praticamente todas as regiões do mundo, são necessários estudos que evidenciem as diferentes estratégias destinadas a integrar os aspectos tecnológicos, educativos e de usabilidade dos padrões de comunicação móvel nos processos educativos. Assim, são necessários estudos sobre o m-learning e o e-learning, destacando os aspectos técnicos e os quadros tecnológicos que lhes estão associados e o impacto que terão nos processos educativos se forem adoptados nos meios educativos. É também necessário determinar se existem diferenças e semelhanças entre o m-learning e o e-learning, bem como as caraterísticas dos ambientes de ambas as infra-estruturas tecnológicas. A falta de tecnologias educativas adequadas na Nigéria é uma questão importante. Este estudo procura abordar a questão do m-learning e do e-learning e a forma como afectam a educação na Nigéria.

1.3 Motivação

Os avanços científicos e o desenvolvimento tecnológico têm sido o principal fator nos últimos tempos. É evidente a invasão das tecnologias em todas as facetas da sociedade. A tentativa de incorporar tecnologias em ambientes educativos levou ao aparecimento dos conceitos de aprendizagem eletrónica e móvel. As ferramentas tecnológicas estão disponíveis para diferentes aprendentes e podem ser utilizadas em qualquer altura e em qualquer lugar, com base na forma como o indivíduo deseja utilizar essas tecnologias. Por conseguinte, torna-se muito necessário empreender uma investigação desta natureza.

1.4 Finalidade e objectivos do estudo

O estudo é basicamente uma análise comparativa do M-Learning e do ELearning na medida em que afecta a educação na Nigéria. No entanto, o estudo procura atingir os seguintes objectivos

i. Esclarecer o conceito de aprendizagem eletrónica e aprendizagem móvel.
ii. Identificar as semelhanças e as diferenças entre a aprendizagem móvel e a aprendizagem eletrónica.
iii. Centrar-se nos elementos e caraterísticas do ambiente de aprendizagem móvel.

iv. Centrar-se nos elementos e caraterísticas do ambiente de aprendizagem eletrónica (ELearning).

v. Estabelecer o impacto da adoção de tecnologias de aprendizagem móvel e de aprendizagem eletrónica nos círculos educativos

vi. Propor um protótipo de uma aplicação que possa ser utilizada numa plataforma de elearning ou de m-learning.

1.5 Importância do estudo

Este estudo é significativo porque lança uma luz de pesquisa sobre o conceito de tecnologias de m-learning e e-learning, resolvendo assim o problema da ignorância por parte dos utilizadores (estudantes e tutores, neste caso) de ambas as infra-estruturas. Serve também de guia para as partes interessadas, na implementação das infra-estruturas para fins educativos, na consecução dos objectivos de aprendizagem. Serve também de referência para as agências reguladoras na verificação das especificações estabelecidas para ambas as infra-estruturas, na medida em que estas desempenham a tarefa de supervisão adequada dos vários processos de implementação. O trabalho tenta apresentar sugestões para melhorar ou aperfeiçoar as várias aplicações das tecnologias de aprendizagem móvel e de e-learning em ambientes educativos. Estas sugestões podem ser adoptadas por instituições educativas para facilitar a realização dos seus objectivos.

1.6 Âmbito do estudo

O trabalho de investigação analisa as ideologias contemporâneas relativas à aprendizagem móvel e às capacidades de e-learning para fins educativos; estabelece as diferenças e semelhanças entre ambas as tecnologias; e estabelece a necessidade da implementação de ambas as infra-estruturas para fins educativos. Estabelece também as caraterísticas dos ambientes de aprendizagem móvel e de aprendizagem eletrónica, bem como o impacto da adoção das tecnologias de aprendizagem móvel e de aprendizagem eletrónica nos círculos educativos.

1.7 Limitações do estudo

A realização deste estudo não foi fácil devido a alguns constrangimentos e limitações encontrados pelo investigador: A falta de recursos financeiros adequados para uma investigação desta natureza; mais uma vez, houve problemas na obtenção de alguns materiais relevantes relacionados com este tópico para uma investigação aprofundada. O investigador também teve problemas de limitações de tempo. Para além de escrever este trabalho de investigação, o investigador tinha outras questões académicas e profissionais para resolver.

1.8 Definição de termos

Tecnologia: Refere-se a métodos, sistemas e dispositivos que são o resultado da utilização de conhecimentos científicos para fins práticos

Tecnologia Educativa: O estudo e a prática ética de facilitar a aprendizagem e melhorar o desempenho através da criação, utilização e gestão de processos e recursos tecnológicos adequados. Essas tecnologias incluem, mas não se limitam a, software, hardware, bem como aplicações e actividades na Internet.

Aprendizagem móvel: A utilização de terminais de comunicação móvel para facilitar os processos de aprendizagem. A aprendizagem móvel significa a utilização de tecnologia eletrónica sem fios para fornecer e receber conhecimentos e competências (Ayodele 2010).

Aprendizagem eletrónica (E-Learning): A utilização intencional de tecnologias de informação e comunicação em rede no ensino e na aprendizagem

1.9 Organização do estudo

No capítulo dois deste estudo , é efectuada uma análise aprofundada da literatura de publicações importantes. A metodologia de implementação das infra-estruturas integradas de aprendizagem 4G e móvel em ambientes educativos, especialmente em círculos de ensino aberto e à distância, e a análise da consideração arquitetónica proposta são estabelecidas no capítulo três. A conceção e a implementação do programa são apresentadas no capítulo quatro. A conclusão e as recomendações são apresentadas no capítulo cinco.

Capítulo 2

REVISÃO DA LITERATURA

2.1 Introdução

Este capítulo trata da revisão de várias literaturas relativas às infra-estruturas em questão: aprendizagem móvel e e-learning; as suas conceptualizações, exigências e caraterísticas tecnológicas, áreas de interesse educativo, méritos, etc.

2.2 Conceptualização da aprendizagem móvel

De acordo com El-Hussein, M. O. M., & Cronje, J. C. (2010), a aprendizagem móvel como atividade educativa só faz sentido quando a tecnologia utilizada é totalmente móvel e quando os utilizadores da tecnologia também são móveis enquanto aprendem. Estas observações sublinham a *mobilidade* da aprendizagem e o significado do termo "aprendizagem móvel". Traxler (2007) e outros defensores da aprendizagem móvel definem a aprendizagem móvel como dispositivos e tecnologias sem fios e digitais, geralmente produzidos para o público, utilizados por um *aprendente* enquanto participa no ensino superior. Outros definem e conceptualizam a aprendizagem móvel colocando uma forte ênfase na *mobilidade* dos aprendentes e na *mobilidade* da aprendizagem, bem como nas experiências dos aprendentes enquanto aprendem através de dispositivos *móveis*. Os dois termos em análise neste artigo são, portanto, *mobilidade* e *aprendizagem.* Por um lado, "mobilidade" refere-se às capacidades da tecnologia dentro dos contextos físicos e das actividades dos estudantes enquanto participam nas instituições de ensino superior. Por outro lado, refere-se às actividades do processo de aprendizagem, ao comportamento dos alunos quando utilizam a tecnologia para aprender. Refere-se também às atitudes dos estudantes, que são eles próprios altamente móveis, à medida que utilizam a tecnologia móvel para fins de aprendizagem. El-Hussein, M. O. M., & Cronje, J. C. (2010)

Traxler (2007) escreve: "assim, a aprendizagem móvel não tem a ver com 'móvel' ou com 'aprendizagem' como anteriormente entendido, mas faz parte de uma nova conceção móvel da sociedade". A investigação e as reflexões sobre a aprendizagem móvel devem estimular o pensamento e os métodos multidisciplinares e interdisciplinares na educação. Devem facilitar a nossa compreensão de conceitos desactualizados e pressupostos rígidos sobre a aprendizagem e o que esta pode ser numa sociedade que mudou (pelo menos de um ponto de vista tecnológico) de forma irreconhecível nas últimas décadas. Neste sentido, é impossível atribuir um significado fixo aos conceitos de aprendizagem móvel. Para compreender plenamente este conceito, é fundamental considerar as relações entre cada uma das palavras utilizadas para descrever o fenómeno da aprendizagem móvel. A utilização desta premissa para compreender a aprendizagem móvel apresenta um enorme desafio porque existem muitas palavras e termos que têm sido utilizados para definir e explicar a aprendizagem móvel como um fenómeno. Traxler (2007) observa que existem algumas definições e entendimentos da educação móvel que se centram apenas nas tecnologias e no hardware, quer se trate de um dispositivo portátil e móvel, como os assistentes pessoais digitais (PDA), os smartphones ou os dispositivos sem fios. Estas definições prejudicam uma compreensão correta das utilizações da tecnologia móvel na aprendizagem, limitando as suas explicações e descrições à forma física real como a tecnologia funciona. Outras definições colocam mais ênfase naquilo que os aprendentes experienciam quando utilizam as tecnologias móveis na educação, enquanto outras indagam como a aprendizagem móvel pode ser utilizada para dar um contributo único para o avanço da educação e de outras formas de **e-learning**. A aprendizagem móvel valoriza e defende, à sua maneira, a introdução do que é radicalmente novo nas esferas tecnológica, social e cultural da vida e atividade humanas. Defendemos que os seres humanos são

obcecados pelo desejo de mudar, de explorar, de aprender, de projetar e de introduzir
o que é absolutamente novo no quadro das convenções e protocolos do passado.
A aprendizagem móvel abre as nossas mentes à possibilidade de um paradigma
radicalmente novo
e encoraja-nos a abandonar os constrangimentos das nossas formas habituais de pensar,
de pensar, aprender, comunicar, conceber e reagir. Este argumento fornece um
Este argumento fornece um quadro teórico sólido para compreender como *a mobilidade* e *a aprendizagem* são
manipulados nos paradigmas de design. No entanto, a visão pedagógica da
No entanto, a perspetiva pedagógica da aprendizagem colaborativa pode ser considerada
como o fundamento teórico da

e a tecnologia também apoia a perspetiva de conceção do sistema. Depois de Depois de os alunos manipularem o sistema de blogging móvel numa atividade de aprendizagem, a utilização da perspetiva colaborativa e a perspetiva tecnológica devem ser observadas no processo experimental, o que pode influenciar ainda mais o aspeto da conceção avaliar o efeito de aprendizagem dos alunos (Huang, Jeng, & Huang, 2009). Traxler (2007) adverte novamente que "o papel da teoria é, talvez, um tópico contestado controverso numa comunidade que engloba filiações filosóficas desde empiristas a pós-estruturalistas, cada uma com diferentes expectativas sobre o expectativas diferentes sobre o âmbito e a legitimidade de uma teoria no seu trabalho". Se quisermos colocar o fenómeno fenómeno da aprendizagem móvel no contexto das teorias do de design instrucional, precisamos de "derrubar as paredes para abrir novos espaços" (King, 2006). Isto significa examinar algumas das suposições e pressupostos pressupostos sobre os quais todos os entendimentos anteriores do termo "ensino educação superior", ou educação pós-escolar, são construídos. Ao utilizar dispositivos móveis móveis de comunicação para fornecer conteúdos de ensino superior, é provável que reduzir as paredes físicas da sala de aula e substituí-las por outras virtuais. No entanto, a aprendizagem e a formação just in time formação no contexto do ensino superior e "os resultados mostraram uma correlação significativa correlação significativa entre o planeamento e a qualidade do modelo, indicando um efeito globalmente positivo efeito globalmente positivo da ferramenta de apoio" (Jarvela, Naykki, Laru & Luokkanen, 2007). Embora Embora o conteúdo do ensino possa permanecer o mesmo, é ministrado através de uma tecnologia radicalmente nova que combina as vantagens da Internet com a conveniência da portabilidade e do ensino "em qualquer altura e em qualquer lugar". King (2006) salienta como os procedimentos ligados à aprendizagem móvel são radicalmente diferentes, quando escreve: "ao quebrar os pressupostos e o processo por detrás da escrita e da fala, podemos ir para além deles e encontrar novas formas de pensar sobre o mundo". El-Hussein, M. O. M.,

& Cronje, J. C. (2010)

O advento da tecnologia criou novos signos, novas formas de escrever e receber informações e novas formas de transmitir videoclipes. Estas actividades tornam-se novas e únicas devido a uma função semelhante: a mobilidade. As tecnologias móveis permitem aos utilizadores beneficiar das mudanças na linguagem e nos signos que entraram na nossa linguagem e experiência na sequência destas novas tecnologias. Derrida (2006) propõe que os textos são constituídos por "significantes" (palavras) e "significados". A forma como as tecnologias móveis são utilizadas produziu toda uma nova lexicografia de sinais e números, bem como convenções para os "desconstruir". Um exemplo desta nova lexicografia é o número "4" (convencionalmente o significante do numerável "quatro"). Mas na gíria móvel, uma espécie de patois escrito, para esta geração de aprendentes do ensino superior, este numeral significa o advérbio "para", como em "Só para mim", que no texto de tecnologia móvel seria escrito "só 4 para mim". As limitações da tecnologia móvel, como a dimensão reduzida do ecrã da maioria dos dispositivos, e o aumento exponencial do número de mensagens enviadas como SMS (Short Message Services), tiveram como consequência imprevista a criação de novos sinais ("significantes") para novos significados (o "significado"). Embora estes modos de comunicação tenham subvertido todas as formas e convenções da linguagem formal, são, no entanto, amplamente aceites e compreendidos e, por isso, considerados normais no contexto dos dispositivos móveis celulares. De facto, um dos

as limitações do hardware dos telemóveis (o tamanho muito limitado do seu ecrã)

deram o impulso para conceber uma instrução e aprendizagem pessoais e utilizar um

um novo formato para a comunicação de texto, bem como imbuir as formas tradicionais

com

formas tradicionais com significados diferentes. Os dispositivos móveis encorajaram assim

os utilizadores a redesenhar

os utilizadores a redesenharem os antigos sinais de instrução, atribuindo-lhes novos

significados. Reflectem sobre os

processos envolvidos nesta atividade e apontam para o facto de que: "o perigo para o

o perigo para o significado [vem] do que está fora do signo {ou seja, não é nem o material

acústico

material acústico utilizado como significante, nem o conceito significado a que o signo se refere".} No momento

No momento da escrita, o signo pode sempre "esvaziar-se".

condições gerais para uma desconstrução da metafísica baseada nas noções de escrita e diferença, e a que se chegou pela primeira vez através de uma leitura do funcionamento da noção de

de como a noção de signo funciona na fenomenologia" (Derrida, 2006). O objetivo objetivo do ensino superior e a relativamente recente ubiquidade dos dispositivos móveis na nossa cultura impregnaram o dispositivo móvel de novos significados. O ensino superior O ensino superior pode agora ser apresentado de uma forma mais sustentada e interactiva para

para capacitar aqueles que dela necessitam. A ironia ontológica da situação é que certos desenvolvimentos não intencionais nos estilos de vida social daqueles que utilizam regularmente

tecnologias móveis abriram novas possibilidades de interações móveis que não se limitam a situações sociais. O que se está a afirmar é que as novas formas de vida social e de interações humanas devem a sua origem a desenvolvimentos desenvolvimentos técnicos. É interessante notar que as limitações obrigaram os utilizadores a conceber novos

modos de interação que utilizam texto em vez de encontros cara a cara. Isto implica que "a conceção da ontologia permite uma abordagem mais genérica - fornece um fornece um formalismo comum para representar metadados relevantes para o contexto unidades de conteúdo de diversos níveis de granularidade" (Jovanovic, Gasevic, Knight & Richards, 2007). De acordo com (Huang, Huang & Hsieh, 2008), os ambientes em que o estudo da aprendizagem móvel tem sido efectuado têm algumas caraterísticas semelhantes às de estudos anteriores. *Estas caraterísticas incluem: aumento da*

disponibilidade e acessibilidade das redes de informação; envolver os estudantes em actividades relacionadas com a aprendizagem em diversos locais físicos; apoiar o trabalho de grupo baseado em projectos; melhorar a comunicação e a aprendizagem colaborativa na sala de aula, e; permitir a entrega rápida de conteúdos. No entanto, a aprendizagem móvel fornece o apoio à aprendizagem e à formação, e "as tecnologias móveis contribuíram para o potencial de apoio aos alunos que estudam uma variedade de disciplinas" (Jarvela,

Naykki, Laru, & Luokkanen, 2007)" El-Hussein, M. O. M., & Cronje, J. C. (2010)

2.3 Aprendizagem móvel no ensino superior

Os conceitos mais importantes e sofisticados para a conceção do ensino neste contexto são a identificação da tecnologia, do aprendente e do material de aprendizagem, bem como da tecnologia móvel, como os dispositivos portáteis. Envolve também a identificação de aprendentes nómadas e capazes de compreender e interpretar materiais de aprendizagem. Em geral, a aprendizagem móvel - ou m-learning - pode ser vista como qualquer forma de aprendizagem que ocorre quando mediada através de um dispositivo móvel, e uma forma de aprendizagem que estabeleceu a legitimidade dos aprendentes "nómadas" (Alexander, 2004). Estes são os desenvolvimentos que tornaram os dispositivos móveis ferramentas estratégicas com a capacidade de ministrar instrução no ensino superior de uma forma que nunca foi prevista quando os primeiros protótipos destes dispositivos foram concebidos e comercializados. Os criadores podem fornecer produtos de ensino superior bem sucedidos à atual geração de aprendentes, através de uma tecnologia distintamente adaptada aos seus próprios objectivos pessoais (sobretudo sociais). Este facto faz da tecnologia um instrumento particularmente potente para a transmissão e o reforço de conteúdos que, de outro modo, seriam identificados com o "estabelecimento" de ensino superior. Dispositivos "como o telemóvel e os leitores de mp3 cresceram de tal forma nos últimos anos que estão a substituir gradualmente os computadores pessoais no contexto profissional e social moderno (Attewell & Savill-Smith, 2005). Modos de comunicação que foram espontaneamente desenvolvidos pela geração mais jovem foram subvertidos para servir os objectivos de transmissão do ensino superior. Estas mudanças estruturais na transmissão da instrução no ensino superior acrescentam uma ferramenta poderosa ao arsenal de meios disponíveis que os educadores podem utilizar para tornar a transmissão mais eficiente, pessoal e culturalmente aceitável para aqueles que foram os pioneiros destes novos modos de transmissão de texto (Fullan, 2007). Estas mudanças fundamentais colocam novos problemas aos designers. Que novos paradigmas e significados de design podem ser atribuídos à utilização da tecnologia móvel? Como é que podemos apreciar todo o seu significado no contexto da teoria tradicional do design instrucional? Antes do desenvolvimento de novas formas de informação e de tecnologia informática, tais como os actuais telemóveis "inteligentes", os paradigmas de conceção através dos quais se entendia a prestação do ensino superior permaneciam essencialmente estáticos. O extraordinário potencial inerente aos dispositivos móveis antecipa mudanças radicais na própria estrutura das dinâmicas educativas, especialmente na forma como as pessoas interagem umas com as outras na sociedade. O tipo de aprendizagem informal através da utilização de dispositivos móveis torna-os um instrumento de comunicação educativa ainda mais potente do que as formas e os modos habituais da educação tradicional. Estas mudanças revolucionárias desenvolveram-se a partir do significado imprevisto da vida social humana, geralmente mais "móvel", criativa e oportunista, do que os modos formais da educação tradicional." El-Hussein, M. O. M., & Cronje, J. C. (2010)

2.4 Elementos de uma estrutura abrangente de M-Learning (aprendizagem móvel)

Os elementos que se seguem são prontamente utilizados no desenvolvimento de um quadro de aprendizagem móvel (Augustus, M.E (2011)):

- A capacidade de comunicação imediata: A disponibilização de uma comunicação síncrona entre tutores e estudantes está prontamente disponível. Esta capacidade de comunicação, sob a forma de mensagens de voz ou de texto, vídeo móvel e ligação à Internet, proporciona o acesso necessário e estabelece redes sociais com o potencial de apoiar o processo de aprendizagem através de interações com professores e alunos, familiares e amigos relativamente a questões académicas ou da vida quotidiana.
- Limitações do tamanho das mensagens: Os dispositivos móveis têm capacidades de processamento limitadas em comparação com os computadores portáteis ou outros computadores. Esta limitação associada ao tamanho do ecrã restringe o tipo de conteúdo a instalar e gerir pelos dispositivos. Este facto deve ser tido em devida consideração.
- Gestão do contexto: O contexto é um fator-chave associado à aprendizagem. Os alunos e os professores podem experimentar e relacionar-se com diferentes tipos de informação quando se deslocam durante uma viagem ou no caminho para a escola ou para casa. A gestão e a compreensão das interações e da interatividade com os contextos que utilizam a tecnologia móvel tornam-se cruciais para estabelecer um quadro relevante para a aprendizagem móvel. A personalização do contexto é outro fator importante a considerar.
- Espontaneidade: A portabilidade e a acessibilidade dos telefones inteligentes proporcionam uma oportunidade imediata de comunicar com outras pessoas ou de estabelecer uma rede social para resolver uma necessidade académica específica. Será importante identificar quais as aplicações pertinentes para tirar o máximo partido desta capacidade.

• Aprendizagem informal: A utilização de dispositivos móveis em ambientes académicos não tradicionais com recurso a aplicações de aprendizagem móvel oferece oportunidades para experiências de aprendizagem informal. Existem muitos projectos-piloto em todo o mundo que exploraram as vantagens tecnológicas da aprendizagem móvel em contextos informais. Estes projectos criaram uma plataforma importante para identificar os principais desafios envolvidos no desenvolvimento de aplicações relevantes de m-learning em diferentes ambientes académicos.

• Competências tecnológicas: Para tirar partido de todas as potencialidades dos dispositivos móveis, é importante que os alunos e os professores estejam informados e compreendam as suas principais capacidades, funções e aplicações. O contacto frequente dos professores e dos alunos com os dispositivos móveis permite o desenvolvimento de competências para os utilizar corretamente. Os professores que possam experimentar a "divisão móvel" talvez rejeitem a utilização da tecnologia móvel e enfrentarão desafios significativos para adotar ou participar em esforços educativos centrados em conceitos de aprendizagem móvel.

2.5 E-Learning: Conceptualização, méritos e deméritos

Conceito de E-Learning

O e-learning é definido por vários autores de acordo com os seus conhecimentos e perspectivas pessoais, mas todos parecem concordar que o e-learning compreende todas as formas de ensino e aprendizagem suportadas eletronicamente, que são de carácter processual e visam a construção de conhecimentos com referência à experiência, prática e conhecimentos individuais do aprendente. Esta definição é corroborada por Ravichandra (2005), que afirma que a aprendizagem eletrónica, no sentido mais lato, diz respeito à aprendizagem que ocorre em linha através da Internet, fora de linha utilizando o CD-ROM ou outros meios como a rádio, a televisão e a telefonia. A aprendizagem eletrónica engloba a aprendizagem a todos os níveis, tanto formal como não formal, que utiliza uma rede de informação, a Internet, uma intranet (LAN) ou extranet (WAN), no todo ou em parte, para a realização, interação, avaliação e facilitação de cursos, o que, segundo Salawudeen (2010), utiliza tecnologias de rede para criar, realizar e facilitar a aprendizagem em qualquer altura e em qualquer lugar.

Vantagens da aprendizagem eletrónica

O e-Learning pode trazer benefícios para organizações e indivíduos das seguintes formas

Maior acesso: Instrutores do mais alto calibre podem partilhar os seus conhecimentos além fronteiras, permitindo que os estudantes frequentem cursos para além das fronteiras físicas, políticas e económicas. Especialistas reconhecidos têm a oportunidade de disponibilizar informação a nível internacional, a qualquer pessoa interessada, a custos mínimos.

Conveniência e flexibilidade para os formandos: Em muitos contextos, o E-Learning é de ritmo próprio e as sessões de aprendizagem estão sempre disponíveis, uma vez que os formandos não estão vinculados a um dia/horário específico para assistir fisicamente às aulas. Podem também interromper as sessões de aprendizagem quando lhes for conveniente. Não é necessária alta tecnologia para todos os cursos em linha. O acesso básico à Internet e as capacidades de áudio e vídeo são requisitos comuns. Dependendo da tecnologia utilizada, os alunos podem começar os seus cursos no trabalho e terminá-los num local alternativo equipado com Internet.

Outras vantagens do e-Learning

- O trabalho nas aulas pode ser programado em função do trabalho pessoal e profissional.
- Reduz os custos e o tempo de deslocação de e para a escola
- Os aprendentes podem ter a opção de selecionar materiais didácticos que correspondam ao seu nível de conhecimento e interesse
- Os alunos podem estudar onde quer que tenham acesso a um computador e à Internet
- Os módulos de aprendizagem autónoma permitem aos alunos trabalhar ao seu próprio ritmo
- Flexibilidade para participar em debates nas áreas de discussão por tópicos do quadro de avisos a qualquer hora ou para visitar os colegas e os professores à distância em salas de conversação.
- São abordados diferentes estilos de aprendizagem e a facilitação da aprendizagem ocorre através de actividades variadas.
- É facilitado o desenvolvimento de competências informáticas e de Internet que são transferíveis para outras facetas da vida dos alunos.
- A conclusão bem sucedida de cursos em linha ou baseados em computador reforça o auto-conhecimento e a auto-confiança e incentiva os alunos a assumirem a responsabilidade pela sua aprendizagem.

Desvantagens da aprendizagem eletrónica

- Os alunos desmotivados ou com maus hábitos de estudo podem ficar para trás
- A falta de estrutura familiar e de rotina pode levar algum tempo a habituar-se
- Os alunos podem sentir-se isolados ou sentir falta de interação social
- Os instrutores podem não estar sempre disponíveis a pedido.
- Ligações à Internet lentas ou pouco fiáveis podem ser frustrantes
- A gestão do software de aprendizagem pode implicar uma curva de aprendizagem que pode ser difícil para os novos alunos.
- Alguns cursos, como os cursos práticos tradicionais, podem ser difíceis de simular.

2.6 Os desafios do ensino eletrónico nas instituições do ensino superior na Nigéria

Embora não seja novidade na Nigéria, a aprendizagem eletrónica tem vindo a ganhar grande destaque nos últimos tempos. Muitos nigerianos beneficiaram através da correspondência aberta (correspondência) da faculdade rápida e do sucesso nos exames (Aginam 2006). De facto, a aprendizagem eletrónica nas instituições terciárias da Nigéria tem continuado a crescer a um ritmo sem precedentes, mas com muitos desafios. Atualmente, os avanços nas tecnologias de comunicação e informática culminaram na suplementação e quase eliminação do sistema tradicional de ensino. Estas novas tecnologias permitem uma maior flexibilidade na aprendizagem e um maior alcance da educação em muitos países do mundo (Salawudeen, 2010). No entanto, pode dizer-se que as instituições terciárias nigerianas estão atrasadas na adoção destas tecnologias, uma vez que a taxa de difusão do e-learning é evidentemente extremamente baixa e, consequentemente, a taxa de utilização é baixa. As razões para tal não são exageradas, uma vez que a Nigéria, para além de ser um país em desenvolvimento e de ter uma política de financiamento da educação inadequada, é também altamente deficiente na área da engenharia e do desenvolvimento tecnológico (Salawudeen 2010).

Origem do ensino eletrónico na Nigéria

O desenvolvimento da aprendizagem eletrónica na Nigéria pode ser rastreado até ao desenvolvimento das telecomunicações, que começou em 1886, quando os senhores coloniais estabeleceram ligações por cabo eletrónico entre Lagos e o gabinete colonial em Londres para transmitir informação e receber feedback. Em 1893, todos os gabinetes governamentais em Lagos foram dotados de serviços telefónicos para facilitar a comunicação e, mais tarde, outras partes do país foram dotadas de serviços telefónicos (Ajadi, 2008). Sublinharam ainda que, nas escolas nigerianas, o tipo mais comum de e-learning adotado era sob a forma de notas de aula em CD-ROM que podem ser reproduzidas quando os alunos desejarem. O desafio deste método reside no facto de o número de alunos por computador ser pouco atrativo em comparação com o número de aulas que são dadas nas salas de aula.

A iniciativa E-Learning do Governo Federal no sector da educação

No âmbito do compromisso assumido pelo Ministério Federal da Educação (FME) de melhorar a criação e a prestação de serviços através da aplicação das TIC, bem como de cumprir os objectivos de desenvolvimento nacionais, regionais e globais, em conformidade com o roteiro aprovado pelo Conselho Executivo Federal, foi constituída uma comissão exploratória para analisar a possibilidade de implementar a aprendizagem eletrónica no sector da educação nigeriano através de uma parceria público-privada.

Política nacional em matéria de e-Learning

A FME elaborou uma política sobre E-Learning. Esta foi aprovada pelo Conselho Nacional de Educação mas, até à data, ainda não foi oficialmente lançada. Espera-se que a política seja amplamente divulgada assim que for lançada, uma vez que serão empregues estratégias de advocacia para aumentar a participação do público.

Desafios da integração do e-learning nas instituições de ensino superior na Nigéria

A aprendizagem eletrónica nas instituições terciárias nigerianas continua a ser um sonho devido às deficientes infra-estruturas de TIC e a outras razões socioeconómicas. Devido ao custo primário muito elevado do desenvolvimento de infra-estruturas e do aumento do acesso do público à Internet e a outras TIC, os países em desenvolvimento ainda estão muito longe de tirar partido da aprendizagem eletrónica. De acordo com Salawudeen (2010), os principais problemas que se colocam à implementação correta da aprendizagem eletrónica nas instituições terciárias nigerianas são, em geral, os seguintes

- Desigualdade de acesso à própria tecnologia por parte de todos os estudantes: O custo de um computador pessoal (PC) e de um computador portátil continua a ser muito elevado na

Nigéria, tendo em conta o nível de rendimento de um trabalhador médio no país. Poucos estudantes que têm o privilégio de ter um PC/Laptop não estão ligados à Internet, porque isso implica custos adicionais que não podem suportar.

- Tecnofobia: A maior parte dos estudantes não tem formação em informática e, por isso, tem medo de utilizar um computador. Alguns chegam ao ponto de contratar um perito, a um custo elevado, para preencher os formulários de admissão, de inscrição e outros documentos que lhes são destinados em linha. No entanto, os muito poucos que têm acesso ao computador não sabem como utilizá-lo e maximizar a sua utilização.
- Conectividade à Internet: O custo do acesso à Internet ainda é muito elevado na Nigéria. A maior parte dos estudantes recorre ao Cyber Café, que cobra entre 100,00 e 150,00 dólares por hora, apesar dos seus fracos serviços e da lentidão do seu servidor
- Currículo escolar: A maioria dos estudantes não tem conhecimentos sobre tecnologias da informação/computadores porque não foram incluídos no currículo do ensino básico e do ensino secundário. Só recentemente é que o ensino da informática foi introduzido no ensino básico e ainda não é uma disciplina obrigatória no ensino secundário.
- Atitude dos alunos: As TIC dão espaço à aprendizagem autónoma e a maioria dos alunos tem relutância em assumir a responsabilidade pela sua própria aprendizagem, mas preferem ser sempre alimentados à colher.
- Custo do software e da licença: É muito caro obter alguns dos softwares porque não são desenvolvidos localmente, são desenvolvidos na Europa e noutros países desenvolvidos para se adaptarem ao seu próprio sistema e ganharem a sua própria vida. O custo e mesmo a interpretação de alguns dos softwares desmotivaram alguns dos alunos que mostraram interesse.
- Manutenção e apoio técnico: Há pouco pessoal técnico para manter o sistema. Este facto torna a manutenção do sistema muito dispendiosa para os estudantes que possuem PCs quando é detectado um problema técnico
- A eletricidade: O problema perene na Nigéria é o da instabilidade da eletricidade, que tem sido um grande revés para o nosso desenvolvimento tecnológico. Alguns dos estudantes que residem em cidades e vilas são confrontados com o problema do fornecimento epilético de eletricidade, enquanto a maioria vive em zonas rurais que não estão ligadas à rede nacional.

E-Learning e pessoas com necessidades especiais

A abordagem de e-learning está a crescer rapidamente não só nos países avançados, mas também nos países do Terceiro Mundo, incluindo a Nigéria. O e-learning está a tornar-se gradualmente popular nas instituições terciárias da Nigéria, especialmente nas Faculdades de Educação e nas Universidades. A maioria das faculdades e universidades tem campus satélites onde se realizam programas de ensino à distância ou de recuperação para estudantes que não foram programados para estudos a tempo inteiro. Tanto as pessoas com deficiência como as pessoas sem deficiência beneficiaram da abordagem de aprendizagem eletrónica. O programa permitiu que os alunos que estavam empregados no mercado de trabalho pudessem frequentar ambos os programas. É óbvio que as aulas recebidas por estes estudantes em poucos meses de contacto com as aulas não seriam adequadas. Nalgumas universidades, foram criadas estações de rádio onde as aulas eram transmitidas aos estudantes interessados em todo o Estado. As pessoas com deficiências de baixa incidência beneficiam imenso com o programa. Os estudantes surdos e com dificuldades auditivas beneficiam da transmissão televisiva através de intérpretes de língua gestual.

Qual o grau de adequação dos equipamentos e materiais de aprendizagem eletrónica?

Os principais problemas da aprendizagem eletrónica enfrentados pelos estudantes nas instituições terciárias da Nigéria foram os seguintes

- Fornecimento inadequado de livros electrónicos para melhorar os seus estudos. Depois de ouvir as aulas através da emissão de rádio , os livros electrónicos devem complementar as aulas. Os estudantes com deficiências visuais necessitam particularmente de livros electrónicos.
- Na maior parte dos casos, as universidades e os estabelecimentos de ensino superior não dispõem de computadores suficientes nem de dispositivos de leitura especiais para os estudantes utilizarem.
- As instituições terciárias na Nigéria ainda não incorporaram as conferências televisivas. Na maioria dos continentes, como os EUA, a Europa e a Ásia, as aulas e os exames podem ser organizados e realizados em linha. Os resultados dos exames são divulgados aos estudantes quase imediatamente. As instituições terciárias da Nigéria ainda não chegaram lá.

2.7 Semelhanças e diferenças entre a aprendizagem móvel e a aprendizagem eletrónica

Saleem, T. A (2011) propôs que a diferença entre ler livros, papel e navegar na Internet está na forma de aceder à informação; e a diferença entre a aprendizagem móvel e a aprendizagem eletrónica reside na forma como os alunos acedem à informação de aprendizagem. No entanto, o desenvolvimento tecnológico, o estado atual e a transformação da utilização de canais de comunicação com fios para canais de comunicação sem fios resultaram no aparecimento de semelhanças e diferenças entre a aprendizagem eletrónica e a aprendizagem móvel.

Semelhanças:

Saleem, T. A (2011) também estabeleceu o seguinte:

1. Cada uma delas necessita de uma infraestrutura e de uma ampla base comunitária para lidar com as tecnologias informáticas electrónicas com e sem fios.
2. Cada um deles necessita de um sistema tecnológico de alta qualidade.
3. Ambos proporcionam aos alunos uma literacia digital centrada no processamento da informação.
4. Em ambos os modelos, os alunos concentram-se no processo de aprendizagem (auto-aprendizagem).
5. Os alunos de ambos os modelos de aprendizagem podem aceder e navegar na Internet.
6. Ambos os modelos de aprendizagem permitem, por um lado, a comunicação entre alunos individuais e entre alunos e professores, em qualquer lugar e a qualquer momento, e, por outro, a comunicação com os intervenientes locais e internacionais através da utilização de correio eletrónico e mensagens de texto.
7. O conteúdo de aprendizagem em ambos os modelos de aprendizagem é fornecido sob a forma de textos, imagens e clips de vídeo.
8. Ambos os modelos de aprendizagem dependem do desenvolvimento de capacidades de resolução de problemas e de pensamento criativo nos alunos.
9. Ambos os modelos de aprendizagem são capazes de proporcionar oportunidades de aprendizagem a muitos alunos.
10. O material didático pode ser atualizado continuamente em ambos os modelos de aprendizagem.

Diferenças:

Sobre as diferenças, Saleem, T. A (2011), estabeleceu o seguinte:

1. A aprendizagem eletrónica utiliza dispositivos fixos com fios, como o PC, mas a

aprendizagem móvel utiliza dispositivos de comunicação sem fios, como telemóveis e telefones inteligentes, microcomputadores e assistentes pessoais digitais.

2. No e-learning, o acesso à Internet é conseguido através do serviço telefónico disponível, enquanto a aprendizagem móvel utiliza a RI para aceder à Internet em qualquer lugar e a qualquer momento.

3. Na aprendizagem eletrónica, as mensagens são trocadas através da Internet, enquanto as mensagens MMS e SMS são utilizadas para trocar informações entre utilizadores.

4. Na aprendizagem eletrónica, é difícil transferir livros e ficheiros entre alunos individuais, ao passo que na aprendizagem móvel, as tecnologias Bluetooth e IR são utilizadas para trocar livros e ficheiros entre alunos.

5. As aplicações de armazenamento utilizadas na aprendizagem eletrónica são mais eficazes do que as utilizadas na aprendizagem móvel.

6. Os canais de comunicação utilizados na aprendizagem eletrónica têm níveis de proteção baixos, uma vez que os aprendentes utilizam mais do que um dispositivo, enquanto a aprendizagem móvel oferece mais proteção aos utilizadores, uma vez que estes utilizam os seus próprios dispositivos para se ligarem a outros.

7. Na aprendizagem eletrónica, é difícil passar os dispositivos entre os alunos, ao passo que na aprendizagem móvel estes dispositivos são fáceis de passar entre os alunos.

2.8: Tecnologias de aprendizagem móvel

Saleem, T. A (2011) propôs o seguinte:

1. IPod Touch: O I pod contém livro de endereços, calendário, armazenamento, dispositivos, leitor de livros electrónicos, troca de informações e ficheiros, colaboração em projectos entre alunos e gravação de palestras. O custo elevado desta tecnologia é a principal razão que impede o acesso de todos os alunos a esta tecnologia. Além disso, só permite uma comunicação unidirecional, pelo que não é possível qualquer interação. Por último, o I Pod tem um ecrã limitado.

2. Leitor de MP3: Para descarregar música, ficheiros áudio e ouvir palestras áudio. O MP3 contém partes móveis, ao contrário dos CD. Proporciona sons de alta qualidade, mas não pode ser utilizado em contextos interactivos entre professores e alunos ou entre alunos individuais.

3. Assistente pessoal digital: Dispositivo que pode ser transportado na mão ou colocado no bolso. Tem capacidade para mostrar documentos e oferece aos utilizadores a oportunidade de aceder à Internet, a conteúdos Web e a mensagens de texto.

4. Unidade USB: Um dispositivo completo para armazenamento de dados. Pode armazenar um grande número de aulas, seminários, cursos, projectos, ficheiros áudio e vídeos. Pode ser utilizada para transferir ficheiros de casa para a escola e vice-versa.

5. Leitor de livros electrónicos: É utilizado para ler textos e pode ser utilizado para ler centenas de livros electrónicos, jornais e revistas. Permite pesquisar textos completos e palavras fáceis de encontrar. Os estudantes podem utilizá-lo para descarregar material didático textual, materiais electrónicos e manuais escolares e para realizar pesquisas. Possui um ecrã grande e nítido para facilitar a leitura, mesmo em locais escuros. Contém sinais digitais fosfóricos, permitindo aos utilizadores ler os textos apresentados no ecrã. A principal desvantagem é que a sua utilização se limita à leitura de livros electrónicos e tem uma capacidade informática limitada

6. Telemóvel inteligente: Um dispositivo que combina aplicações de telemóveis, uma câmara, um assistente pessoal digital, um leitor de MP3 e acesso à Internet. Os alunos utilizam o telefone inteligente para descarregar sons, clips de vídeo e palestras áudio. Os alunos podem ligar sons, clips de vídeo, filmes, flash, enquanto mostram e editam documentos de texto e acedem ao correio eletrónico, enviando mensagens textuais e imediatas. Os telemóveis inteligentes também podem ser utilizados para aplicações de armazenamento completo, aprendizagem interactiva e cooperação internacional.

7. Telemóvel: Os telemóveis são utilizados em mensagens SMS e MMS para enviar e receber mensagens visuais, áudio, desenhos animados, coloridas, normais, de texto curto e WAP. O protocolo de aplicação sem fios é uma norma internacional que contém regras e medidas de comunicação específicas. Essas regras e medidas foram acordadas por um grupo de empresas e ajudam os utilizadores a aceder à Internet utilizando canais sem fios através da utilização de microdispositivos sem fios portáteis, como telemóveis e assistentes pessoais digitais. Estas aplicações tecnológicas podem ser utilizadas em mensagens de correio eletrónico, computadores de bolso e telefones inteligentes. Pode também fornecer serviços de pacotes de rádio, uma nova tecnologia que permite aos telemóveis aceder à Internet a grande velocidade, enquanto os utilizadores podem também receber dados e ficheiros, armazená-los, recuperá-los e trocá-los utilizando canais sem fios.

8. Ultra-móveis: Os estudantes utilizam os ultra-móveis para descarregar sons, vídeos, palestras áudio, navegar na Internet, enviar e-mails, mensagens de texto, entrar na Web e noutros canais de comunicação e aplicações de redes.

9. General Packet Radio Services (GPRS): Uma tecnologia moderna que permite aos telemóveis aceder à Internet com grande velocidade e a possibilidade de receber dados, ficheiros, armazená-los e recuperá-los utilizando canais sem fios.

10. Comunicação, Bluetooth e Wi-Fi: esta aplicação é utilizada para fazer experiências científicas, investigação, aprendizagem interactiva e cooperação internacional. A principal desvantagem desta aplicação é o facto de ser muito mais cara do que a de outros computadores.

11. Mesa para computador portátil: A mesa para computador portátil é um dispositivo funcional que contém aplicações Bluetooth, WiFi e Internet. A principal vantagem desta aplicação é a capacidade de transferir efeitos sonoros, identificar linhas, navegar na Internet e transferir clips de vídeo e palestras áudio, enviar mensagens de correio eletrónico e mensagens de texto imediatas, registo de entrada em sítios Web em casa e na escola. Isto facilita a aprendizagem interactiva, a realização de estudos científicos e a investigação de experiências internacionais e a cooperação internacional. Quanto à desvantagem da mesa para computadores portáteis, pode resumir-se a um elenco elevado, difícil de transportar quando se desloca de um local para outro e não pode ser utilizada em viagem.

12. Autor móvel de aprendizagem: Um programa que ajuda os professores e supervisores a carregarem o seu material didático sem recorrer a programadores. Esta aplicação contém uma abordagem simples para carregar conteúdos interactivos combinados com sons, vídeos e texto em diferentes línguas.

13. Existem outras aplicações informáticas, como scanners e suportes de armazenamento via USB, leitores de vídeo digital, óculos digitais que apresentam informações a partir de computadores sem fios.

Capítulo 3

METODOLOGIA

3.1 Definição

T termo metodologia refere-se a um conjunto de procedimentos e princípios utilizados para a realização de uma determinada tarefa. Quando as actividades são realizadas, utiliza-se o termo metodologia científica. No presente estudo, a metodologia explica os procedimentos e princípios utilizados ou considerados no desenvolvimento da aplicação proposta (software).

3.2 Conceção do sistema

O sistema de tutoria proposto é um protótipo de uma aplicação (software de aprendizagem) que pode ser utilizado numa plataforma de e-learning ou de m-learning. A aplicação pode ser utilizada por estudantes individuais para uma aprendizagem independente; pode ser utilizada por um grupo de estudantes para discussões em grupo; ou pode ser utilizada por um tutor numa situação de sala de aula ou através de um esquema de colaboração móvel.

3.2.1 Objectivos da conceção

- Motivação dos alunos: concebido para motivar os alunos nos seus vários processos de aprendizagem
- Servir como uma ferramenta eficiente no ensino à distância para a transmissão de informações
- Promoção do desenvolvimento da aprendizagem personalizada
- Reduzir a dificuldade sentida pelos alunos no acesso a informação personalizada
- Fornecer feedback instantâneo aos alunos e explicações sobre as respostas corretas

3.2.2 Princípios de conceção

É visualmente simulativo e fácil de ler; Promove o envolvimento entre o aluno e o conteúdo da aula; Desenvolve e mantém o interesse do utilizador; Facilita a navegação na aula; e Ajuda o aluno a encontrar e organizar a informação

3.2.3 Conceção da base de dados

O modelo hierárquico foi utilizado nesta conceção. A estrutura hierárquica é uma estrutura em forma de árvore. Cada segmento ou nó pode ser subdividido em dois ou mais nós subordinados, que podem ainda ser subdivididos em dois ou mais nós adicionais. Segue-se a estrutura da base de dados para a aplicação proposta.

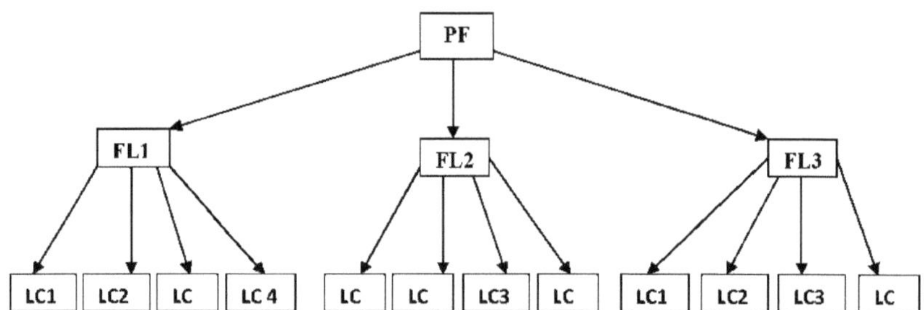

Figura 3.1: Estrutura hierárquica da base de dados para a aplicação proposta

<u>Chave:</u>

PF=Formulário dos Pais; **FL1=Quadro** da Primeira Lição; **FL2=Quadro** da Segunda Lição; **FL3=Quadro** da Terceira Lição; LC1=Conteúdo da Primeira Lição; **LC2=Conteúdo** da Segunda Lição; **LC3=Conteúdo** da Terceira Lição; LC4=Conteúdo da Quarta Lição

3.2.4 Fluxograma do programa

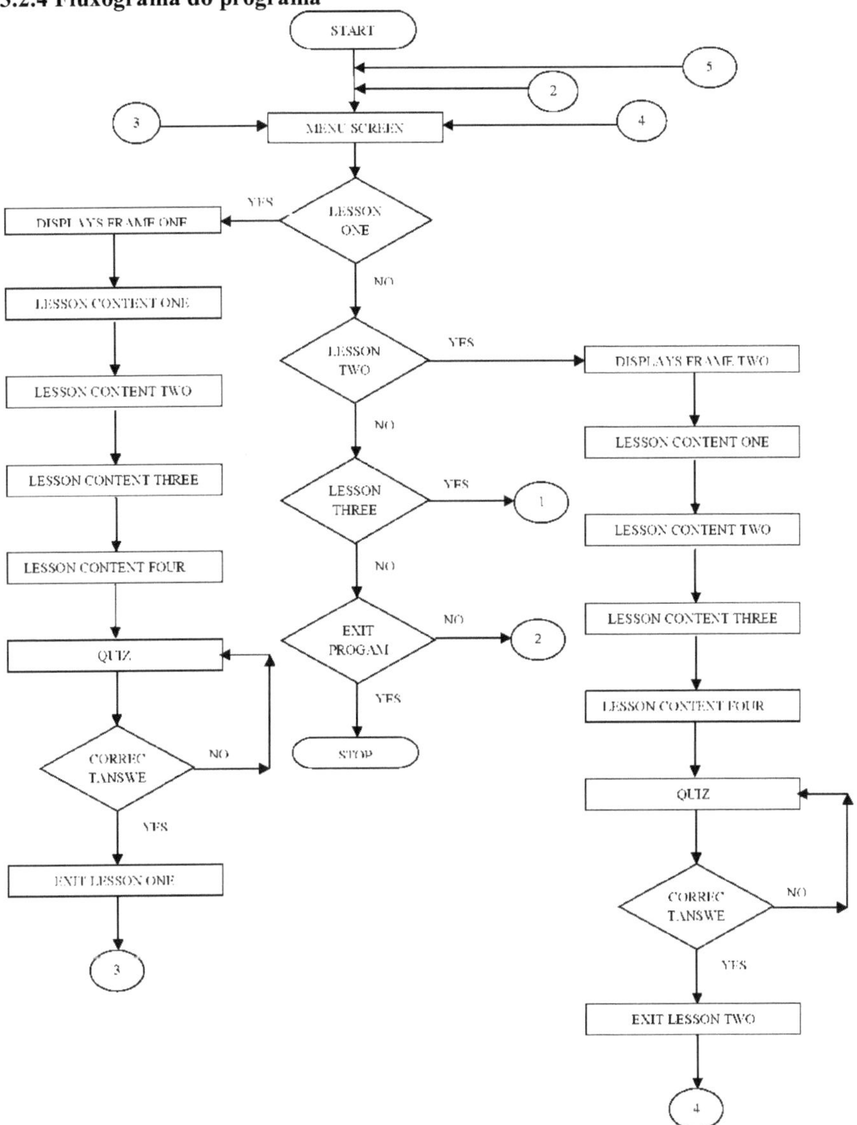

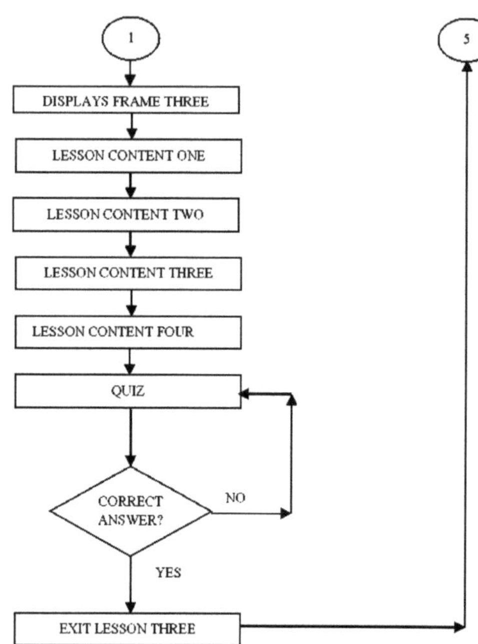

Figura 3.2: O fluxograma do programa

3.2.5 Linguagem de programação utilizada

A aplicação proposta foi desenvolvida com uma das linguagens de programação de alto nível: Visual Basic 6.0

Capítulo 4

IMPLEMENTAÇÃO E AVALIAÇÃO

4.1 Introdução

Este capítulo apresenta várias questões a ter em conta na implementação da aplicação proposta em sistemas móveis de aprendizagem/e-learning.

4.2 Requisitos de hardware do sistema

Os dispositivos móveis que podem ser utilizados para a infraestrutura de aprendizagem devem ter os seguintes componentes de hardware. Estes são os componentes mínimos de hardware para esses dispositivos.

J CPU: Velocidade do processador de 1GHz e superior

J Memória: 512 MB de RAM e superior

J Armazenamento amovível: 4GD microSD e superior

J Entradas de dados: Ecrã tátil multi-toque, Light Pen, Joy Stick

J Câmara 1.3 mp, mínimo

J Cabo USB para ligar e transferir dados entre dispositivos móveis e um computador local

4.3 Requisitos de software do sistema

Os requisitos básicos de software para os dispositivos a utilizar são os seguintes

J EBook Reader, Acrobat Reader para documentos PDF

J Android OS (Sistema Operativo), Blackberry OS, Windows OS

J Navegadores Web

J Tecnologias Bluetooth que permitem a comunicação entre dispositivos móveis, a transferência de dados e o acesso a diferentes recursos, como impressoras partilhadas e outros dispositivos compatíveis com Bluetooth

J Transferência de dados por infravermelhos entre dispositivos móveis que incorporam uma porta IR

Capacidades Wi-Fi ■*S*

Rádio *J* FM

J Leitores multimédia de áudio e vídeo

4.4 Procedimentos de aplicação

A descrição do processo envolvido na utilização do sistema de tutoria de aplicações proposto para dispositivos 4G.

1) Fazer duplo clique na aplicação ou no seu ícone para a iniciar. Também pode fazê-lo clicando com o botão direito do rato na aplicação ou no seu atalho no ambiente de trabalho e selecionando "abrir" no menu apresentado. A aplicação abre-se, apresentando a interface que serve de ecrã de menu.

Figura 4.1: Menu principal da aplicação de tutoria

2) Na barra de menus, na parte superior da interface, clique em "Primeira lição". O quadro da primeira lição e o conteúdo da primeira lição são apresentados, juntamente com o título da lição: Contexto Histórico.

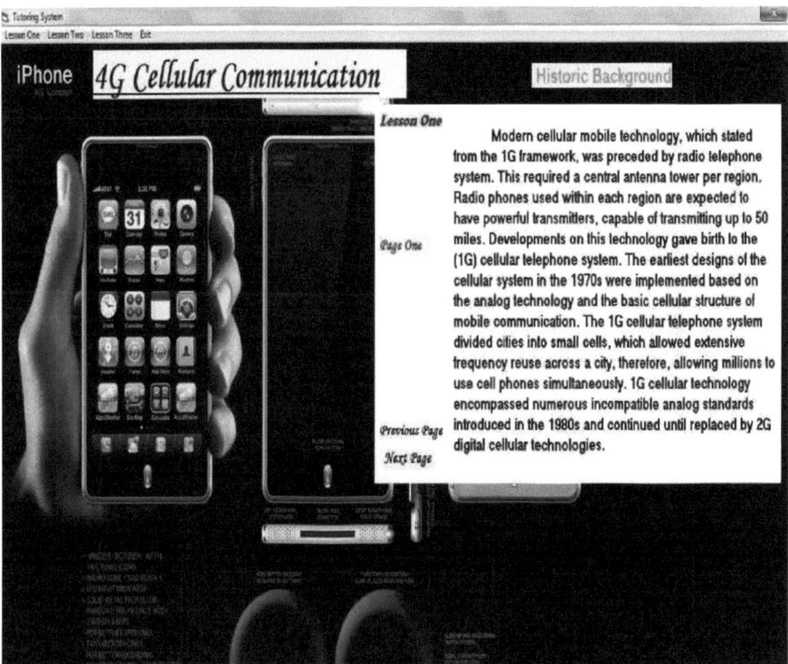

Figura 4.2: Interface que mostra a página um da lição um.

3) Navegue para a *página dois* da *lição um* utilizando o botão "Página seguinte". O botão

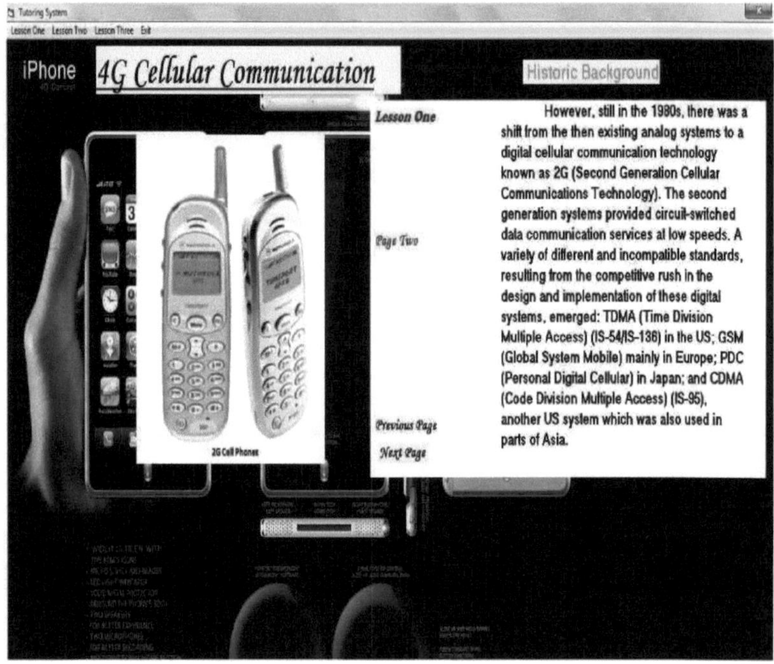

A interface abaixo será apresentada.

Figura 4.3: Interface exibindo a página dois da lição um.

4) Navegue até à *página três* da *lição um* utilizando o botão "Página seguinte". O botão A interface abaixo será apresentada.

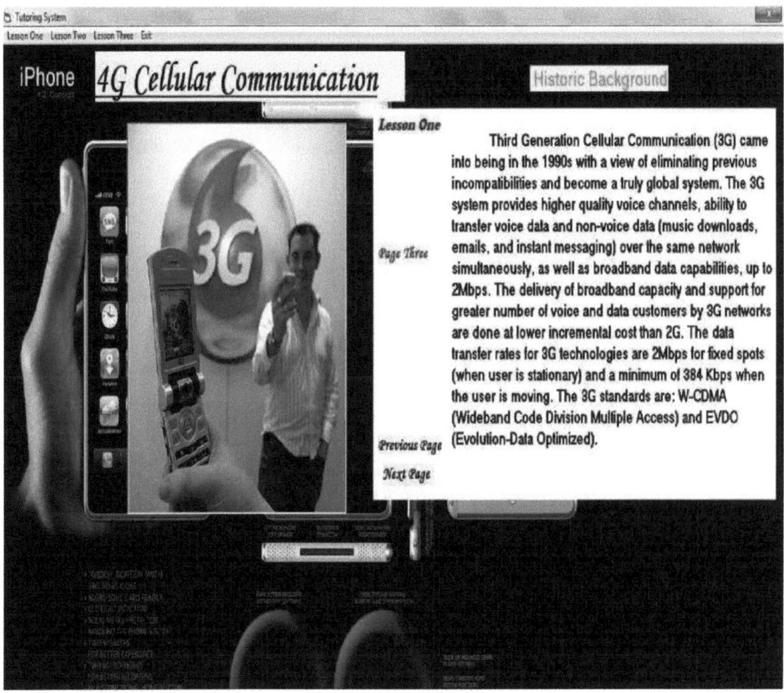

Figura 4.4: Interface exibindo a página três da lição um.

5) Navegar para a *página quatro* da *lição um* usando o botão "Página seguinte". O programa está estruturado de forma a que a secção do questionário seja apresentada automaticamente assim que a página quatro abrir.

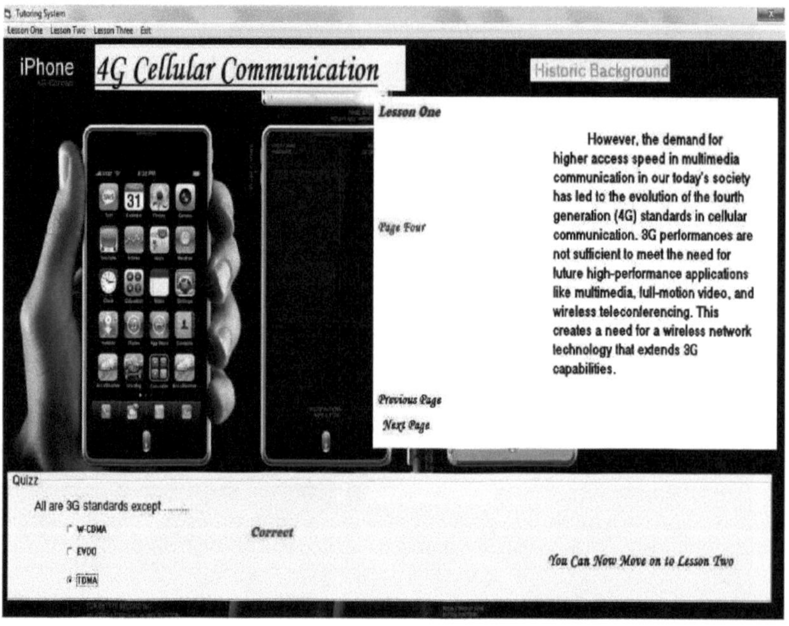

Figura 4.5: Interface que mostra a página quatro da lição um, e a secção 'Questionário mostrando a resposta correta à pergunta.

6) Na barra de menus, na parte superior da interface, clique em "Segunda lição". É apresentado o quadro da segunda lição e o conteúdo da primeira lição, juntamente com o título da lição: Definição e caraterísticas de 4G.

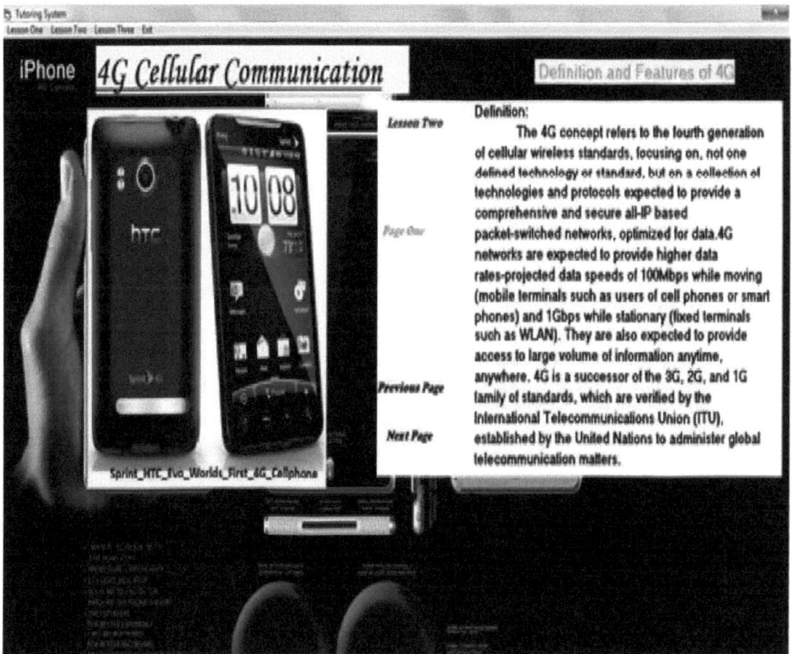

Figura 4.6: Interface mostrando a página um da lição dois e também mostrando a imagem do primeiro telemóvel 4G do mundo.

7) Navegue para a *página dois* da *lição dois* utilizando o botão "Página seguinte". O botão A interface abaixo será apresentada.

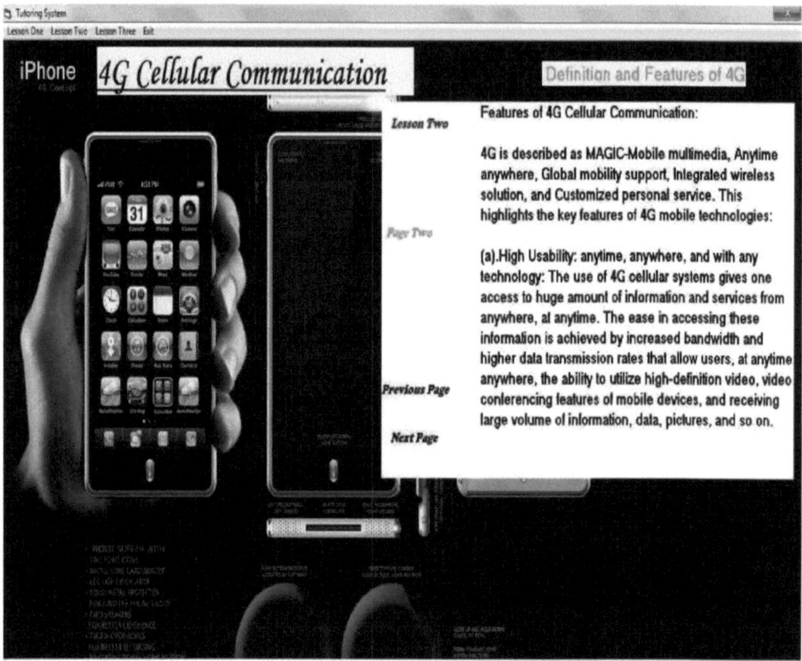

Figura 4.7: Interface exibindo a página dois da lição dois.

8) Navegue para a *página três* da *lição dois* usando o botão "Página seguinte". O botão A interface abaixo é apresentada.

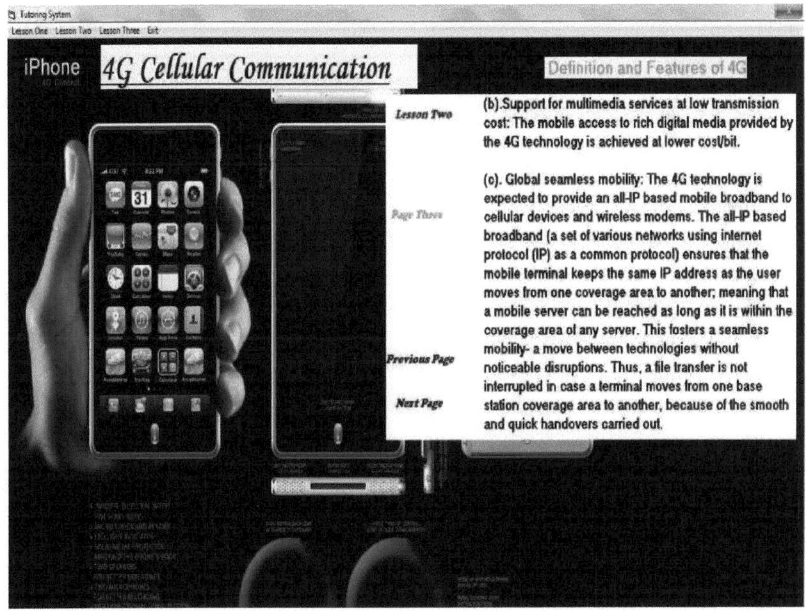

Figura 4.8: Interface exibindo a página três da lição dois.

9) Navegue para a *página quatro* da *lição dois* utilizando o botão "Página seguinte". A secção do questionário é apresentada automaticamente assim que a página quatro é

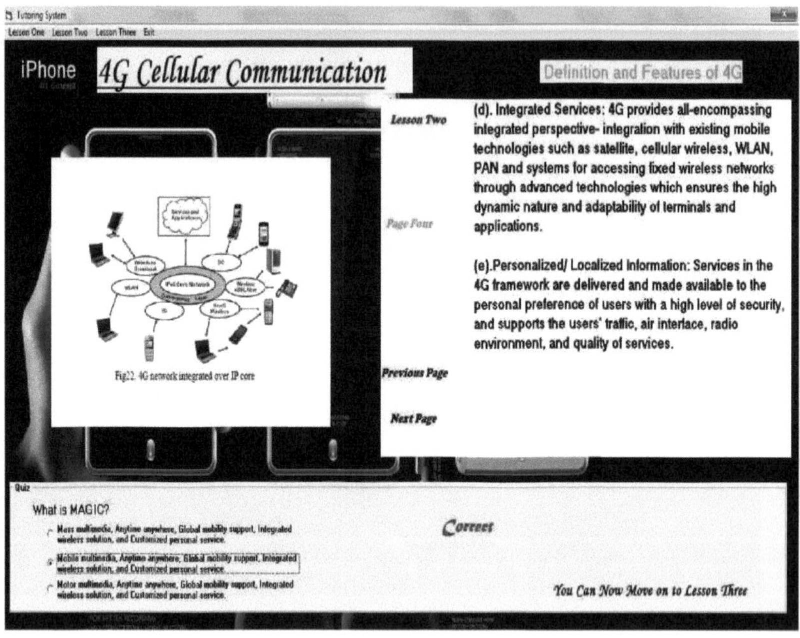

aberta.

Figura 4.9: Interface mostrando a página quatro da lição dois, e a secção 'Questionário mostrando a resposta correta à pergunta.

10) Na barra de menus, na parte superior da interface, clique em 'Lição Três'. É apresentado o quadro da lição três e o conteúdo da primeira lição, juntamente com o título da lição: Componentes da estrutura 4G.

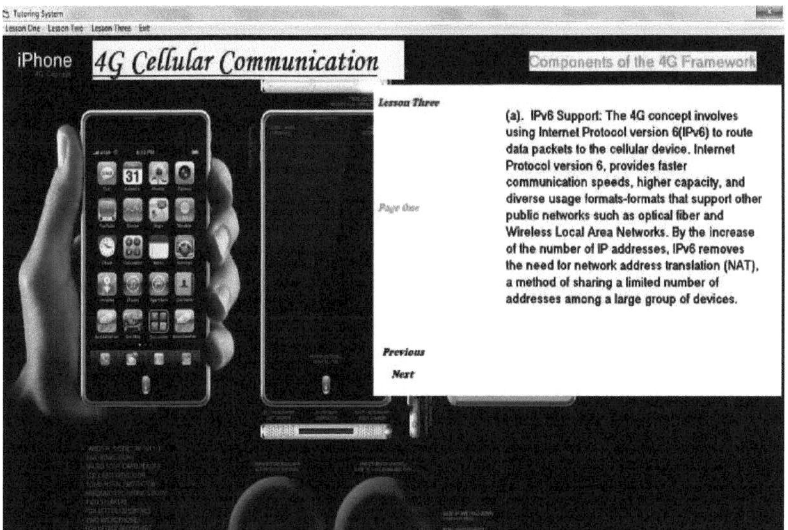

Figura 4.10: Interface exibindo a página um da lição três.

11) Navegue para a *página dois* da *lição três* utilizando o botão "Página seguinte". A interface abaixo será exibida. Navegue para a *página três* da *lição três* usando o botão "Página seguinte". A secção do questionário é apresentada automaticamente assim que a página três abre.

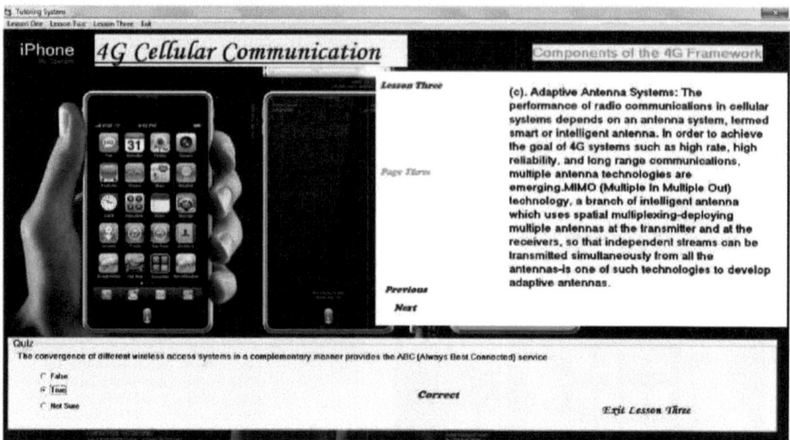

Figura 4.11: Interface mostrando a página três da lição três e a secção secção 'Questionário' que mostra a resposta correta à pergunta.

4.5 Avaliação e discussão dos resultados

O M-learning e o E-learning são o futuro da educação. A aprendizagem móvel/aprendizagem eletrónica constitui o melhor método de aprendizagem para o ensino aberto e à distância e também para o modo de aprendizagem convencional orientado para a sala de aula, tornando a aprendizagem mais estimulante e interactiva. No entanto, pressupõe o surgimento de um forte impulso às comunicações móveis e a integração da Internet e das comunicações móveis e da educação combinadas para utilizar plenamente os recursos educativos, melhorar a aprendizagem das pessoas. Este tipo de aprendizagem móvel tem também as seguintes caraterísticas: portabilidade, eficiência, individualidade e baixo custo."
UMMARY, CONCLUSION AND RECOMMENDATIONS

Introdução

Este capítulo contém a síntese do trabalho, as conclusões, as recomendações e as sugestões para estudos futuros.

Resumo

Os objectivos deste estudo eram esclarecer o conceito de aprendizagem móvel e de aprendizagem eletrónica; identificar as semelhanças e as diferenças entre a aprendizagem móvel e a aprendizagem eletrónica; centrar-se nos elementos e nas caraterísticas do ambiente de aprendizagem móvel; centrar-se nos elementos e nas caraterísticas do ambiente de aprendizagem eletrónica (E-Learning); estabelecer o impacto da adoção das tecnologias de aprendizagem móvel e de aprendizagem eletrónica nos círculos educativos; propor um protótipo de uma aplicação que possa ser utilizada numa plataforma de aprendizagem eletrónica ou de aprendizagem móvel. Para além dos objectivos do estudo, o primeiro capítulo contém o enunciado do problema, as questões de investigação, a importância do estudo, as hipóteses, o âmbito e as limitações do estudo. O capítulo dois trata da revisão da literatura relacionada, onde foram feitas discussões muito importantes e impressionantes. O capítulo três estabelece a metodologia do estudo; enquanto o capítulo quatro apresenta a análise do estudo.

Conclusão

A aprendizagem móvel e a aprendizagem eletrónica já começaram a desempenhar um papel muito importante na educação na Nigéria. Dado que a infraestrutura sem fios, em rápido crescimento, satisfaz cada vez mais as necessidades de acesso, a Nigéria está a evoluir de uma infraestrutura de aprendizagem eletrónica sem fios e inexistente para uma infraestrutura de aprendizagem eletrónica sem fios. O papel da aprendizagem móvel e da aprendizagem eletrónica no ensino nigeriano não deve ser subestimado. O m-learning e o e-learning na Nigéria são uma realidade que continuará a crescer em forma, estatura e importância. Tornar-se-á o ambiente de aprendizagem de eleição. Os educadores devem abraçar a riqueza da aprendizagem e as possibilidades acrescidas que o m-learning e o e-learning proporcionam. Os ambientes de aprendizagem móvel e eletrónica são ideais para as abordagens construtivistas sociais contemporâneas, em que a interação e a comunicação entre professores e alunos, e entre os alunos, não são limitadas pelo tempo e pelo espaço. O m-learning e o e-learning também satisfazem a procura crescente de oportunidades de aprendizagem ao longo da vida que permitem aprender enquanto se ganha, em movimento. O desafio consiste em conceber e desenvolver ambientes de aprendizagem relevantes, baseados em princípios didácticos sólidos que garantam a otimização da aprendizagem nos ambientes de m-learning e e-learning.

4.1 Recomendações

i.) A produção de aplicações/esquemas de aprendizagem móvel que possam ser utilizados para fins pedagógicos e educativos deve ser altamente incentivada.

ii.) Os processos de ensino e aprendizagem devem ser reforçados através da disponibilização de dispositivos relevantes, incentivando assim a aprendizagem eletrónica e a aprendizagem móvel nas actividades educativas.

iii.) Há uma necessidade urgente de orientações sérias sobre a relevância das infra-estruturas de aprendizagem móvel e de aprendizagem eletrónica na educação, bem como de formação em massa de tutores, estudantes e profissionais da educação sobre a utilização dos dispositivos relevantes.

4.2 Sugestões para investigação futura

Sugere-se que investigações mais robustas e mais bem financiadas sobre o mesmo conceito (em termos da dimensão da investigação: se realizada por um indivíduo com instalações maiores ou se empreendida por megacorporações), devem ir mais longe para construir protótipos de esquemas de aprendizagem móvel e de aprendizagem eletrónica. Se esses protótipos forem desenvolvidos e enviados para as instituições visadas, é provável que obtenham resultados máximos, uma vez que os estudantes ficarão mais interessados na aprendizagem móvel e nos sistemas de aprendizagem eletrónica e defenderão a rápida adoção desses sistemas nas suas várias instituições de ensino.

REFERÊNCIAS

Abdullah (2004). Remote learning", Cairo, Modern Bookshop, Egito Alexander, B. (2004). Going Nomadic: Mobile Learning in Higher Education". Educause Review.

Ally, M. (2005). Using Learning Theories to Design Instruction for Mobile Learning Devices. Mobile Learning Anytime Everywhere (pp. 5-8), Londres, Reino Unido: Learning and Skills Development Agency.

Attewell, J. & Savill-Smith, C. (2005). Mobile Learning Anytime Everywhere, Londres: Learning and Skills Development Agency.

Banks, K. (2008). Mobile Learning in Developing Countries: Realidades actuais e possibilidades futuras. Em S. Hirtz, & D. M.

Beale, R. (2007). Como melhorar a experiência sem interferir com ela. Em M. Sharples (Ed.), Big Issue in Mobile Learning: a Report of a New Workshop by the Kaleidoscope Network of Excellence Mobile Learning Initiative (pp. 12-16), Londres, Reino Unido:

Learning Science and Research Institution: Universidade de Nottingham.

Boyinbode O. K. e Akinyede R. O. (2008). Aprendizagem móvel: An Application of Mobile and Wireless Technologies in Nigerian Learning System; IJCSNS International Journal of Computer Science and Network Security, Vol.8 No.11 Department Of Computer Science, Federal University of Technology Akure, Nigéria

Brown (2005). Instructional technology media and methods", MC grew hill company, Nova Iorque.

Derrida, J. (2006). Writing and Difference (A. Bass, Trans.), Londres & Nova Iorque: Routledge.

El-Hussein, M. O. M., & Cronje, J. C. (2010). Defining Mobile Learning in the Higher Education Landscape Educational Technology & Society, 13 (3), 12-21. Faculdade de Informática e Design, Universidade de Tecnologia da Península do Cabo, Cidade do Cabo, 8000, África do Sul

Faqeeh (2009). M-Learning...A New vision by using wireless technology" {Online} Disponível: Math-Nablus,y007.com/search.

Fullan, M. (2007). The New Meaning of Educational Change (7ª Ed.), EUA: Teachers College Press.

Guralnich, D. (2008). The Importance of the Learner's Environmental Context in the Design of M-Learning Product (A importância do contexto ambiental do aluno na conceção de produtos de aprendizagem móvel). Jornal Internacional de Tecnologias Móveis Interactivas.

Hawkins e Collins (2005). "Design experiments for infusing Technology in to learning" Tecnologia Educativa.

Huang, Y.-M., Huang, T.-C., & Hsieh, M.-Y. (2008). Using Annotation Services in a Ubiquitous Jigsaw Cooperative Learning. Educational Technology & Society.

Huang, Y.-M., Jeng, Y.-L., & Huang, T.-C. (2009). An Educational Mobile Blogging System for Supporting Collaborative Learning [Um sistema de blogue móvel educativo para apoiar a aprendizagem colaborativa]. Educational Technology & Society.

Jarvela, S., Naykki, P., Laru, J., & Luokkanen, T. (2007). Structuring and Regulating Collaborative Learning in Higher Education (Estruturação e Regulação da Aprendizagem Colaborativa no Ensino Superior). Educational Technology & Society.

Jovanovic, J., Gasevic, D., Knight, C., & Richards, G. (2007). Ontologias para uma utilização eficaz do contexto em contextos de e-Learning. Educational Technology & Society.

King, J. P. (2006). One Hundred Philosophers: a Guide to World's Greatest Thinkers (2ª ed.), Reino Unido: Aplle Press.

Kloube (2005). "Planning and producing audiovisual material", Second addition Pennsylvania chandler publishing company.

Kukulska-Hulme, A., & Traxler, J. (2005). Mobile Learning: a Handbook for Educators and Trainers, EUA: Taylor & Francis.

Laouris, Y., & Eteokleous, N. (2005). Precisamos de uma definição educacional relevante de móvel learning.{Online}http://www.mlearn.org.za/CD/papers/Laouris%20&%20Eteokleous.pdf

Luecy (2004) Management Information System". Prentice- hall 9ª Ed (2004)

Motiwalla, L. (2007). Mobile learning: a Framework and Evaluation. Journal of Computer and Education.

Nieuwenhuis, J. (2007). Qualitative Research Designing and Data Gathering Techniques (Técnicas de Conceção e Recolha de Dados de Investigação Qualitativa). Em K. Maree (Ed.), First Steps in Research (pp. 70-97), Pretória: Van Schaik.

Nyiri, K. (2002). Para uma filosofia de M-Learning. IEEE International Workshop on Wireless and Mobile Technologies in Education, Vaxjo, Suécia.

Saleem (2011). "Aprendizagem móvel: Uma nova visão da aprendizagem utilizando tecnologias sem fios". Um trabalho de investigação apresentado na décima oitava conferência científica da Sociedade Egípcia de Currículos e Métodos de Ensino, Cairo, Egito.

Saleem, T. A (2011). Tecnologia de aprendizagem móvel: A New Step In E-Learning. Jornal de Tecnologia da Informação Teórica e Aplicada. Vol. 34 No.2. Disponível: www.jatit.org

Sharples, M., Taylor, J., & Vavoula, G. (2007). A Theory of Learning for the Mobile Age. The Sage Handbook of E-learning Research, Londres: Sage.

Ting, Y. R. (2005). Mobile Learning: Current Trend and future Challenges. Actas da Quinta Conferência Internacional sobre Tecnologias de Aprendizagem Avançadas, Los Alamitos, CA: IEEE Computer Society Press.

Traxler, J. (2007). Definindo, Discutindo e Avaliando a Aprendizagem Móvel: The Moving

Finger Writes and Having Writ...The International Review in Open and Distance Learning.

Traxler, J. (2007). Definir, discutir e avaliar a aprendizagem móvel: O dedo em movimento escreve e tem escrito... The International Review in Open and Distance Learning.

Trinder, J. (2005). Tecnologias e sistemas móveis. Em A. &. Kuklska-Hulme (Ed.), Mobile learning: A handbook for educators and trainers, EUA: Taylor & Francis.

Uden, L. (2007). Activity Theory for Designing Mobile Learning. Journal of Mobile Learning and Organization.

Walker, K. (2007). Introduction: Mapping the Landscape of Mobile Learning. Em M. Sharples (Ed.), Big Issue in Mobile Learning: a Report of a New Workshop by the Kaleidoscope Network of Excellence Mobile Learning Initiative (pp. 5-6), Reino Unido: Learning Science and Research Institution: Universidade de Nottingham.

Printed by Books on Demand GmbH, Norderstedt / Germany